科学のアルバム

カラスのくらし

菅原光二

あかね書房

もくじ

監修●樋口広芳
構成●七尾　純
イラスト●むかいながまさ
森上義孝
渡辺洋二
林　四郎
装丁●画　工　舎

科学のアルバム

カラスのくらし

菅原光二（すがわら　こうじ）

一九四〇年、青森県十和田《とわだ》市に生まれる。

一九五八年、青森県立三本木高校卒業。

一九六〇年以後《いご》、芸能《げいのう》関係の仕事に従事《じゅうじ》するかたわら、動物の撮影《さつえい》をつづけ、
一九六八年、写真の世界にはいる。以後、動物写真家として活躍《かつやく》している。

著書《ちょしょ》に「写真野鳥記」「ツバメのくらし」（共にあかね書房）、

「アオバズクの森」「スズメ」（共に偕成社）、「写真・セミの世界」（誠文堂新光社）がある。

日本写真家協会会員、日本セミの会会員。

まっ黒《くろ》なからだ、太《ふと》いくちばし、じょうぶな足《あし》をもつカラス。カラスは、町《まち》のなかでも見《み》られる、よくしられた鳥《とり》です。

●えんとつにつくった巣《す》の上《うえ》で鳴《な》くカラス。

↑夕《ゆう》ぐれが近《ちか》づくと，カラスはいっせいにねぐらに帰《かえ》っていきます。ねぐらは，木《き》のうっそうとしげった森《もり》や林《はやし》の中《なか》です。一つのねぐらに帰《かえ》ってくるカラスの数《かず》は，秋《あき》から冬《ふゆ》にかけてが最《もっと》も多《おお》く，春《はる》から夏《なつ》は少《すく》なくなります。

↑朝早《あさはや》く，ねぐら近《ちか》くの海辺《うみべ》で，食《た》べものをさがすカラスの群《む》れ。

群《む》れのくらし

※カラスは、はんしょく期《き》をのぞく一年《ねん》のほとんどの時期《じき》を、群《む》れをつくってくらしています。

群《む》れの大《おお》きさは、数羽《すうわ》から数百羽《すうひゃっぱ》、ときには、数千羽《すうせんば》にもたっすることがあります。

なぜカラスは、群《む》れをつくってくらすのでしょうか。それは、一羽《わ》だけで食《た》べものをさがしたり、敵《てき》から身《み》をまもったりするよりも、群《む》れで食《た》べものをさがしたり、敵《てき》から身《み》をまもるほうが、よりつごうがよいことを、カラスはしっているからなのでしょう。

※カラーページにでてくるカラスはハシブトガラスとハシボソガラスです。いずれも日本《にっぽん》にいる代表的《だいひょうてき》なカラスで、ふつうどちらもカラスとよんでいます。この本《ほん》の文中《ぶんちゅう》でも、あえて区別《くべつ》せずに、単《たん》にカラスとしています。

⬆海岸《かいがん》にうちあげられた死《し》んだ魚《さかな》を食《た》べるカラス。

➡海岸《かいがん》で食《た》べものをさがすカラス。海岸《かいがん》は，いろいろな物《もの》が流《なが》れつくので，よいえさ場《ば》の一つです。

カラスのえさ場《ば》

カラスは、太陽《たいよう》がまだ東《ひがし》の空《そら》にのぼらないうちから、ねぐらを飛《と》びたち、それぞれのえさ場《ば》へでかけていきます。

町《まち》はずれのごみすて場《ば》、死《し》んだ魚《さかな》や貝《かい》がうちあげられる海岸《かいがん》や川原《かわら》、ひらけた田畑《たはた》などが、カラスのおもなえさ場《ば》です。

カラスは、ネズミなど小動物《しょうどうぶつ》をはじめ、昆《こん》虫《ちゅう》や木《き》の実《み》、さらにはくさった肉《にく》までなんでも食《た》べる、雑食性《ざっしょくせい》の鳥《とり》です。

そのため、カラスはいろんな場所《ばしょ》にすむことができます。高《たか》い山《やま》や山里《やまざと》、それに町《まち》はずれの林《はやし》、ときには大都会《だいとかい》の公園《こうえん》でも、たくさんのカラスが見《み》られます。

養鶏場《ようけいじょう》からニワトリのたまごをぬすみ，口《くち》にくわえて飛《と》ぶカラス。

最近《さいきん》、土地《とち》の開発《かいはつ》で、ほかの多《おお》くの野鳥《やちょう》がすみ場所《ばしょ》をうばわれ、数《かず》がへっているのにたいして、カラスの数《かず》があまりへらないのは、カラスが雑食性《ざっしょくせい》の鳥《とり》だからでしょう。

食肉《しょくにく》センターで，すてられた肉《にく》や骨《ほね》をあさるカラスの群《む》れ。

しぶきをあげながら水《みず》あびをするカラス。

水《みず》あび

カラスは、ごみすて場《ば》やごみのうちよせられる海岸《かいがん》で食《た》べものをさがすので、ハジラミやダニがつきやすく、そのままにしていると、血《ち》をすわれ、弱《よわ》って死《し》ぬことがあります。

そのため、カラスは、えさ場《ば》近《ちか》くの小川《おがわ》や雨《あめ》のふったあとの水《みず》たまりなどで、一日《にち》に何《なん》度《ど》も水《みず》あびをして、からだをきれいにします。

↑冷《つめ》たい雪《ゆき》どけ水《みず》の流《なが》れる小川《おがわ》につかり，バシャ，バシャと水《みず》あびをするカラスの群《む》れ。カラスは，寒《さむ》い冬《ふゆ》のあいだも水《みず》あびをかかしません。

⬆飛《と》びながらあらそうカラス。

⬅くずかごの上《うえ》であらそうカラス。カラスは，こうしたあらそいで群《む》れのなかでの強弱《きょうじゃく》をきめているようです。

⬆あらそうカラス。1羽《わ》のカラスを数羽《すうわ》のカラスでせめたてることもあります。

えさをめぐるあらそい

バサバサッ、バサバサッ。羽音《はおと》をたてて、カラスが食《た》べものを前《まえ》にしてあらそっています。しばらくあらそったあと、最初《さいしょ》に食《た》べものを口《くち》にするのは、きまってあらそいに勝《か》ったカラスです。

あらそいに負《ま》けたカラスは、そばで自分《じぶん》の食《た》べる順番《じゅんばん》をまっています。でも、まちきれずに横《よこ》から食《た》べものをかすめとろうとしては、また、強《つよ》いカラスにくちばしでつつかれ、にげまわります。

カラスは、こうしたあらそいをしながら、群《む》れのなかで力《ちから》の強《つよ》いものと、弱《よわ》いものとをしっていくのでしょう。

QUICK OPEN CAN
UCC
COFFEE

➡ねぐら近《ちか》くの町《まち》の中《なか》で、暗《くら》くなるまで羽《はね》を休《やす》めるカラスの群《む》れ。森《もり》や林《はやし》がたくさんのこっている地《ち》方《ほう》では、町《まち》の近《ちか》くの森《もり》が、カラスのねぐらになっていることがあります。

ねぐら

カラスは、一日《にち》のほとんどの時間《じかん》を、食《た》べものさがしにつかいます。そして、日《ひ》が西《にし》にしずむ一時間《じかん》ぐらい前《まえ》になると、ねぐら近《ちか》くの村《むら》や川《か》原《わら》、ときには町《まち》の中《なか》の電線《でんせん》につぎつぎと帰《かえ》ってきます。

しばらくねぐらの上《うえ》をにぎやかに飛《と》びまわり、ねぐらが安全《あんぜん》だとわかると、数百羽《すうひゃっぱ》から数千羽《すうせんば》ものカラスが、いっせいにねぐらの森《もり》へまいおりていきます。

⬇ねぐらでねむるカラスの群《む》れ。午前《ごぜん》4時《じ》，ねぐらからは羽音《はおと》ひとつきこえてきませんでした。まっ暗《くら》なねぐらの上空《じょうくう》をたくさんの星《ほし》が東《ひがし》から西《にし》へと動《うご》いていきます。（写真《しゃしん》は長時間露出《ちょうじかんろしゅつ》したもの）

←雪《ゆき》がおおっている田《た》んぼにおりたったカラス。昆虫《こんちゅう》や小動物《しょうどうぶつ》のいない早春《そうしゅん》は，まだ食《た》べものの少《すく》ない季節《きせつ》です。

→根雪《ねゆき》のとけはじめた畑《はたけ》で食《た》べものをさがすカラス。わずかにおちている植物《しょくぶつ》のたねを，雪《ゆき》の下《した》からほりだしているのでしょう。

はんしょくの季節《きせつ》

冬《ふゆ》がすぎ、山《やま》の雪《ゆき》もとけはじめる三月半《がつなか》ばごろから、カラスは、はんしょくの季節《きせつ》をむかえます。

この季節《きせつ》になると、親《おや》のカラスたちは、大《おお》きな冬《ふゆ》のねぐらをはなれて、それぞれのなわばりへとちらばっていきます。そして、なわばりを中心《ちゅうしん》にしてくらすようになります。

まだはんしょくの年令《ねんれい》にたっしていない、若《わか》いカラスたちも、冬《ふゆ》のねぐらをはなれ、親《おや》のカラスたちとは別《べつ》に、小《ちい》さな群《む》れをつくってくらします。

春《はる》から秋《あき》にかけて、カラスの大《おお》きな群《む》れが見《み》られないのは、このためです。

めすのカラスの前《まえ》でピョンピョンととびはねるおすのカラス。めすをひきつけるためのダンスのように見《み》えます。

めすのカラスに食《た》べものをあたえるおすのカラス。めすは羽《はね》をふるわせ，クークーと鳴《な》いています。

結婚《けっこん》

草木《くさき》が芽《め》ぶきはじめる四月《がつ》になると、カオー、カオーとかん高《だか》いカラスの鳴《な》き声《ごえ》がしばしばきこえてきます。

頭《あたま》を上下《じょうげ》にふり、尾羽《おばね》をひろげて、一羽《わ》のカラスが鳴《な》き声《ごえ》をあげながら、もう一羽《わ》のカラスの前《まえ》を歩《ある》きまわっています。じつは、おすのカラスが、めすのカラスに結婚《けっこん》をもうしこんでいるのです。

また、この時期《じき》には、めすのカラスがおすのカラスに食《た》べものをねだることがあります。この行動《こうどう》は、のちにたまごをうむめすのカラスに、より多《おお》くの栄養分《えいようぶん》をあたえることに役立《やくだ》っているようです。

⬇口《くち》に食《た》べものをくわえたまま，めすのカラスによりそうおすのカラス。おすがめすに食《た》べものをあたえる行動《こうどう》は，めすが産卵期《さんらんき》をむかえてからもずっとつづきます。

↑空《あ》き地《ち》でかれえだをひろうカラス。町《まち》では針金《はりがね》が巣《す》の材料《ざいりょう》になることがあります。

←かれえだをくわえて巣《す》にはこぶカラス。ふつう巣《す》の材料《ざいりょう》をはこぶのはおすです。

巣《す》づくりと産卵《さんらん》

かれえだをくわえたカラスが、林《はやし》をめざして飛《と》んでいきました。カラスの巣《す》づくりがはじまったのです。

カラスは、林《はやし》のなかの高《たか》い木《き》の上《うえ》に巣《す》をつくります。かれえだや草《くさ》のくきをくみあわせて巣《す》の外《そと》がわをつくり、内《うち》がわにやわらかいワラくずやほかの鳥《とり》の羽毛《うもう》などをしきつめます。

巣《す》は、おすとめすが協力《きょうりょく》しあってつくります。新《あたら》しい巣《す》ができるまで約《やく》一か月《げつ》、ときには古《ふる》い巣《す》をなおして新《あたら》しくします。

こうしてできあがった巣《す》の中《なか》に、めすは毎日《まいにち》一個《こ》ずつ、合計《ごうけい》で三～六個《こ》のたまごをうみます。たまごからひながかえるまで、めすがたまごをあたためます。

↑たまごをあたためているめすに，食《た》べものをはこぶのはおすの仕事《しごと》。めすは巣《す》からでて，食《た》べものをおすからうけとることもあります。

→カラスのたまご。たまごは青緑色《せいりょくしょく》で灰《はい》かっ色《しょく》のはん点《てん》があります。大《おお》きさ（長径《ちょうけい》）は約《やく》5㎝。

巣《す》を中心《ちゅうしん》にしたなわばりの一例《れい》。

飛《と》びながらあらそうカラス。足《あし》で相手《あいて》をけりつけたり，くちばしでつついたりして，どこまでも相手《あいて》をおいかけていきます。

なわばりをまもる

巣《す》のそばで、たまごをあたためているめすをみまもっていたおすが、とつぜん、いきおいよく飛《と》びたちました。巣《す》の上《うえ》に飛《と》んできたほかのカラスをおいはらおうとしたのです。

カラスは、巣《す》を中心《ちゅうしん》に半径《はんけい》約《やく》五百《ひゃく》メートルの広《ひろ》いなわばりをもっています。そして、このなわばりは、生《い》きているあいだは、ずっとかわらないようです。

とくに、はんしょく期《き》の親《おや》ガラスは、なわばりをまもろうとする性質《せいしつ》が強《つよ》くなり、なわばりにはいってくるほかのカラスだけでなく、ほかの鳥《とり》や動物《どうぶつ》、ときには人間《にんげん》にまでおそいかかってくることがあります。

⬇なわばりの中《なか》にはいってきたほかのカラスをおいはらうおす。めすがたまごをあたためているあいだ，なわばりをまもりつづけるのはおすの役目《やくめ》です。

➡くちばしをいっぱいにひらいて鳴《な》きながら食《た》べものをねだるひな。ひなの羽毛《うもう》は，うまれて1週間《しゅうかん》ぐらいではえはじめ，目《め》は10日《か》ぐらいしてひらきます。

⬅田《た》んぼで食《た》べものをさがすカラス。初夏《しょか》の田《た》んぼは，カエルやドジョウなど動物質《どうぶつしつ》の食《た》べものが豊富《ほうふ》です。ひなにあたえる食《た》べものの四分《ぶん》の三ぐらいが動物質《どうぶつしつ》のものです。

ひなのたんじょう

クー、クー、クー。

産卵《さんらん》の日《ひ》から数《かぞ》えて約《やく》二十日《か》。やっとひながたんじょうしました。

ひなのからだにはまだ毛《け》がなく、赤《あか》はだかです。ひなは、くちばしをいっぱいにあけて、しきりに食《た》べものをねだります。

これからひながひとりだちするまで、親《おや》ガラスにとって、ひなの食《た》べものをさがすための、いそがしい毎日《まいにち》がはじまります。おすもめすも、朝早《あさはや》くから食《た》べものさがしにごみすて場《ば》や田畑《たはた》にかよい、栄養分《えいようぶん》の多《おお》い昆虫《こんちゅう》の幼《よう》虫《ちゅう》や、やわらかい肉《にく》など、おもに動物質《どうぶつしつ》の食《た》べものをみつけて、ひなにあたえます。

←ニセアカシアの木《き》の上《うえ》の巣《す》で、ひなをみまもる親《おや》ガラス。若葉《わかば》もしげり、日《ひ》ざしが若葉《わかば》のあいだからキラキラさしこんできます。さわやかな風《かぜ》が、木立《こだち》のあいだをふきぬけるころになると、ひなの巣立《すだ》ちはもうまぢかです。

←親鳥《おやどり》から食《た》べものをもらう巣立《すだ》ったひな（手前《てまえ》の２羽《わ》）。このころは，ひなと親《おや》の大《おお》きさがほとんど同《おな》じです。だから，むかしの人《ひと》は，親鳥《おやどり》がひなに食《た》べものをあたえているのを見《み》まちがえて，ひなが親《おや》に育《そだ》ててもらったお礼《れい》に食《た》べものをおかえししているのだと考《かんが》えました。

巣立《すだ》ち

たまごからかえって約《やく》一か月《げつ》もすると、ひなは巣立《すだ》ちます。

巣立《すだ》ったひなは、羽《はね》も黒《くろ》ぐろとはえそろい、遠《とお》くから見《み》ていると、親鳥《おやどり》と区別《くべつ》がつかないほど大《おお》きく成長《せいちょう》しています。

しかし、巣立《すだ》ってから十日間《かかん》ぐらいは、巣《す》の近《ちか》くのえだの上《うえ》で、親鳥《おやどり》から食《た》べものをもらいながらすごします。

その後《ご》、自由《じゆう》に飛《と》ぶことができるようになると、ひなは親鳥《おやどり》のあとについて、ひとりで食《た》べものをさがすようになります。

こうして、大《おお》きな群《む》れになる秋《あき》まで、ひなは親鳥《おやどり》といっしょにくらします。

⬆畑《はたけ》の土《つち》をほじくりかえして，人間《にんげん》がまいた作物《さくもつ》のたねを食《た》べる若《わか》いカラス。ニワトリのたまごをぬすんだり，たねをほじくったりするカラスは，農家《のうか》のきらわれ者《もの》です。

若鳥《わかどり》のくらし

七月《がつ》、真夏《まなつ》の太陽《たいよう》がジリジリとてりつけます。このころになると、ことしの春《はる》うまれた若《わか》いカラスは、もう親鳥《おやどり》の助《たす》けをかりなくても、生《い》きていけます。

田畑《たはた》やえさ場《ば》で、ときには親鳥《おやどり》からはなれて、ほかのカラスにまじってひとりで食《た》べものをさがします。また、小石《こいし》をくちばしにくわえて投《な》げたり、ごみすて場《ば》でみつけたひもや輪《わ》ゴムをひっぱりあって遊《あそ》んだりします。

⬆空《あ》き地《ち》に集《あつ》まったカラス。夏《なつ》になると，あちこちで子育《こそだ》てをすませた親《おや》ガラスとその子《こ》どもたちが集《あつ》まり，小《ちい》さな群《む》れをつくります。

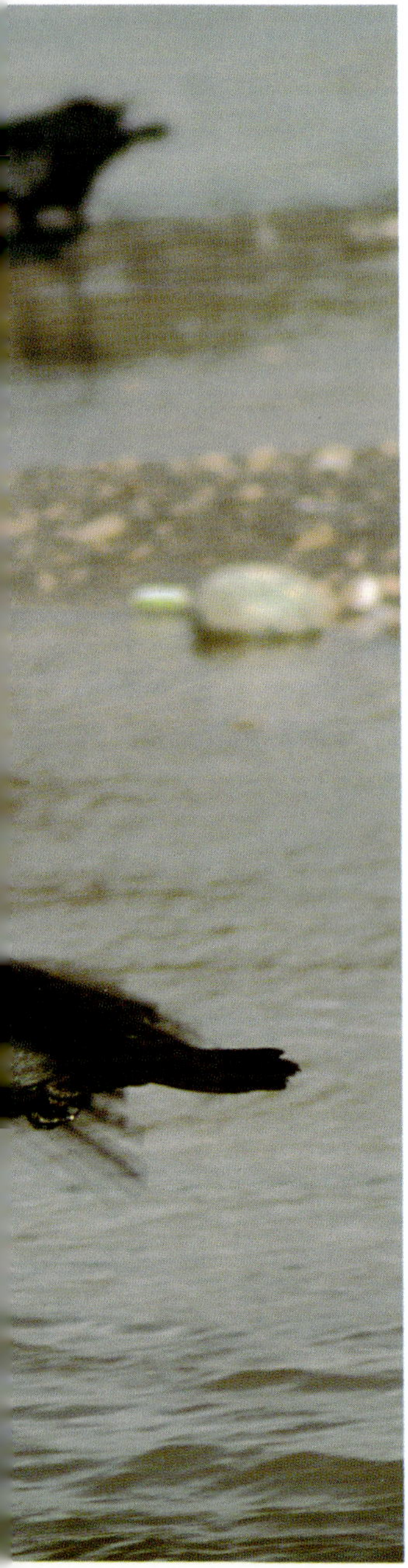

川《かわ》からトウモロコシの食《た》べがらをつかみあげたカラス。飛《と》びながらくちばしで食《た》べがらをつついています。ほかのカラスの気《き》をひこうとしているのでしょう。

カラスのおにごっこ

一羽《わ》のカラスが、川《かわ》にすてられていたトウモロコシを足《あし》でつかみあげました。すると、もう一羽《わ》のカラスが横《よこ》からそれをかすめとろうとします。いつのまにか、この二羽《わ》のカラスは、先《さき》になったり、あとになったりしながら、おいかけっこをはじめました。

よく見《み》ていると、本気《ほんき》であらそっているようすはありません。どうも〝おにごっこ〟をして遊《あそ》んでいるようにみえます。

⬇おにごっこをして遊《あそ》ぶカラス。この行動《こうどう》は，なわばりに近《ちか》づく外敵《がいてき》をおっぱらう親鳥《おやどり》の行動《こうどう》をおぼえていて，まねたものだと考《かんが》えられています。やがて若鳥《わかどり》が親鳥《おやどり》になり，いろいろな外敵《がいてき》とたたかうときの訓練《くんれん》の一つなのかもしれません。

➡朝《あさ》もやのたなびく田《た》んぼであらそうカラスとトビ。トビがにげるまで，カラスはおいつづけます。

⬆カラス（上《うえ》）におわれてにげるトビ。

⬆１羽《わ》のトビに数羽《すうわ》のカラスが集《あつ》まり，トビにいやがらせをします。

カラスとトビ

カラスとトビがあらそっているのをみかけたことはありませんか。

カラスとトビは、ともに雑食性《ざっしょくせい》の鳥《とり》です。そのため、えさ場《ば》がかさなりあうことが多《おお》く、食《た》べものをめぐってよくあらそいをおこすのです。

また、カラスはなわばりをまもる気持《きも》ちが強《つよ》く、なわばりにほかの鳥《とり》がはいるのをきらい、トビをおいはらおうとするのです。

でも、トビはカラスよりも大《おお》きく、強《つよ》いので、カラスは、数羽集《すうわあつ》まってトビとあらそいます。カラスは、群《む》れになると、自分《じぶん》たちも強《つよ》いことをしっているのでしょう。

↓たおれた木《き》のすきまにたべものをおしこむカラス。このような行動《こうどう》は，日本《にっぽん》ではカラスのなかまのほかに，シジュウカラ類《るい》やゴジュウカラ類《るい》の鳥《とり》でもかんさつされています。

↑食《た》べものをすきまにおしこんだあと，そばのどろであなをふさぐカラス。

↑食《た》べものだけでなく，光《ひか》るものなどを集《あつ》めてかくす習性《しゅうせい》もあります。

食《た》べものをたくわえる

ある日《ひ》、カラスのおもしろい行動《こうどう》を観察《かんさつ》しました。ごみすて場《ば》から食《た》べものをくわえてきた一羽《わ》のカラスが、たおれた木《き》のすきまに食《た》べものをおしこんでいたのです。

食《た》べものをおしこむと、今度《こんど》はその上《うえ》にどろをかぶせてふたをし、くちばしで二、三度《ど》つついてから飛《と》びさっていきました。

カラスには、このように食《た》べものをかくしておく性質《せいしつ》があります。こうしてかくした食《た》べものを、あとでとりだして食《た》べたり、はんしょく期《き》にはひなにあたえたりするといわれています。カラスがかしこい鳥《とり》だといわれるのも、こうした性質《せいしつ》があるからなのでしょう。

➡みぞれを背《せ》にうけながら，木《き》の上《うえ》で食《た》べものをさがすカラス。きびしい冬《ふゆ》がやってきました。

⬆雪《ゆき》のふりつもった川岸《かわぎし》で，食《た》べものをさがすカラス。雪《ゆき》の中《なか》では食《た》べものもなかなかみつかりません。

⬆雪《ゆき》のふりつもった野原《のはら》で，ネズミの死《し》がいをみつけだしたカラス。

冬《ふゆ》のおとずれ

草《くさ》や木《き》の実《み》がみのり、田畑《たはた》に農作《のうさく》物《もつ》がたくさんあった秋《あき》は、カラスにとって、食《た》べものに最《もっと》もめぐまれた季節《きせつ》でした。でも、冬《ふゆ》は食《た》べものの少《すく》ないきびしい季節《きせつ》です。

いつしかふりはじめたみぞれが、やがて雪《ゆき》にかわった朝《あさ》、カラスのえさ場《ば》は一面《いちめん》雪《ゆき》におおわれてしまいました。カラスは、数少《かずすく》なくなった食《た》べものを、雪《ゆき》の中《なか》からさがしだしたり、雪《ゆき》におおわれていない川《かわ》や海岸《かいがん》で、魚《さかな》の死《し》がいをあさったりします。

冬《ふゆ》は、まだはじまったばかりです。

↑夕《ゆう》ぐれどき，ねぐら近《ちか》くの木《き》ぎに集《あつ》まり，
なかまの帰《かえ》りをまつカラス。

雪《ゆき》の夜《よる》

春《はる》から夏《なつ》のあいだ、あちこちのなわばりにちらばってくらしていたカラスが、また冬《ふゆ》のねぐらに集《あつ》まり、大《おお》きな群《む》れのくらしをはじめました。

昼間《ひるま》、それぞれのえさ場《ば》にいっていたカラスが、短《みじか》い冬《ふゆ》の一日《にち》がおわりかけるころ、ねぐらのある森《もり》に帰《かえ》ってきます。

日《ひ》がしずむと、いままで晴《は》れていた空《そら》から、雪《ゆき》がふりはじめました。

今夜《こんや》もねぐらは雪《ゆき》の中《なか》です。

↑日《ひ》がしずんでから１時間後《じかんご》，雪《ゆき》がふってきました。ねぐらのカラスは，まだねむりについていません。ストロボの光《ひかり》をあびたカラスの目《め》が，青白《あおじろ》く光《ひか》っています。

冬《ふゆ》のくらし

雪《ゆき》が深《ふか》い北国《きたぐに》にすむカラスは、雪《ゆき》のために食《た》べものをさがすことができません。そのため、いままでよりももっと人間《にんげん》のすんでいる近辺《きんぺん》まで、食《た》べものをもとめてやってきます。そのような場所《ばしょ》でなら、人間《にんげん》がすてた食《た》べものにありつけるからです。

冬《ふゆ》のあいだ、各地《かくち》のごみすて場《ば》や食品工場《しょくひんこうじょう》の近《ちか》くでは、朝《あさ》から夕方《ゆうがた》まで、カラスの姿《すがた》はたえることがありません。なかには、ごみがすてられる時刻《じこく》まで、ちゃんとおぼえているカラスもいるようです。

写真・右高英臣

➡漁港《ぎょこう》にはこばれてきた，解体前《かいたいまえ》のクジラに群《む》らがるカラス。自然《しぜん》の食《た》べものがなくなったカラスは，人間《にんげん》のすんでいる近《ちか》くで，食《た》べものをさがさなければなりません。

⬅カラスの死《し》がい。うえ死《じ》にしたカラスは，ほかのカラスにからだの肉《にく》をたべられてしまいます。

⬇食器《しょっき》をあらう人《ひと》のそばで，食《た》べものをさがすカラス。カラスの冬《ふゆ》の食《た》べものは，おもに人間《にんげん》の食《た》べのこしたもののようです。

しかし、食《た》べものにうまくありつけなかったカラスは、うえ死《じ》にするほかありません。

北国《きたぐに》の春《はる》は、まだめぐってきません。
二羽《わ》のカラスが、春《はる》をよぶかのように、カオー、カオーと、いつまでも鳴《な》きつづけていました。

●海岸《かいがん》で食《た》べものをさがすカラス。

＊カラスという鳥《とり》

立《た》てふだの上《うえ》にとまったカラス。カラスは環境《かんきょう》に適応《てきおう》する力《ちから》がとても強《つよ》く，人間社会《にんげんしゃかい》の近《ちか》くにもたくさんすみついています。

シカの背中《せなか》にのったカラス。ひょうきん者《もの》のカラスは，シカや牛《うし》などの背中《せなか》にのって遊《あそ》ぶことがよくあります。

カラスは、からだのつくりから分類《ぶんるい》すると、スズメ目《もく》のなかまにはいります。スズメ目《もく》のなかでもっとも大型《おおがた》のなかま、カラス科《か》に属《ぞく》する鳥《とり》を総称《そうしょう》して、カラスとよんでいます。

現在《げんざい》、地球上《ちきゅうじょう》にすむカラス科《か》の種類《しゅるい》は約百種《やくひゃくしゅ》を数《かぞ》えます。そしてその分布《ぶんぷ》は、ニュージーランドと南《みなみ》アメリカ大陸《たいりく》をのぞく世界中《せかいじゅう》にひろがり、山《やま》に海辺《うみべ》に、人家《じんか》の近《ちか》くに、カラスほどさまざまな環境《かんきょう》に適応《てきおう》して生《い》きている鳥《とり》はほかにありません。

いったい〝カラス〟という名前《なまえ》はどうしてついたのでしょう。カラスというよび名《な》の由来《ゆらい》には、二つの説《せつ》があります。その一つは、〝カア、カア〟という鳴《な》き声《ごえ》からつけられた名前《なまえ》だという説《せつ》です。

もう一つは、むかし〝クロシ（黒《くろ》いという意味《いみ》）〟とよんでいたのが、いつのまにかカラスにかわってしまったという説《せつ》です。日本《にっぽん》で最初《さいしょ》につくられた『万葉集《まんようしゅう》』という歌《うた》の本《ほん》では、事実《じじつ》、カラスをクロシとよんでいます。

●**ハシブトガラス**　全長《ぜんちょう》55～58㎝
アジア東南部《とうなんぶ》に分布《ぶんぷ》し、日本全土《にっぽんぜんど》で見《み》られる代表的《だいひょうてき》なカラス。

●**ハシボソガラス**　全長《ぜんちょう》47～50㎝
ヨーロッパ、アジア、北《きた》アフリカに分布《ぶんぷ》し、日本全土《にっぽんぜんど》で見《み》られる。

日本《にっぽん》で生息《せいそく》が確認《かくにん》されているカラスは十種類《しゅるい》、種類《しゅるい》によってすんでいる地方《ちほう》や場所《ばしょ》がちがいます。おすとめすが同色同形《どうしょくどうけい》でほとんど見分《みわ》けがつかないのも、この鳥《とり》の特《とく》ちょうです。

そのなかでもっともなじみの深《ふか》いのが、この本《ほん》のカラーページにでてくるハシブトガラスとハシボソガラスです。一年中日《ねんじゅうにっ》本《ぽん》にすみつき、山《やま》でも海辺《うみべ》でも、人家《じんか》のまわりでも、どこでも見《み》られます。どちらもほとんど同《おな》じ姿《すがた》をしているので、なかなか見分《みわ》けがつきませんが、くちばしを見《み》ればわかります。くちばしが太《ふと》いのがハシブトガラス、細《ほそ》いのがハシボソガラスです。

●**ワタリガラス**　全長《ぜんちょう》58～61㎝
北半球《きたはんきゅう》に広《ひろ》く分布《ぶんぷ》し、日本《にっぽん》には冬《ふゆ》、北海道東部《ほっかいどうとうぶ》にわたってくる。

●**ミヤマガラス**　全長《ぜんちょう》47～50㎝
ヨーロッパからアジア中部《ちゅうぶ》に分布《ぶんぷ》し、日本《にっぽん》には冬《ふゆ》、九州《きゅうしゅう》にわたってくる。

コクマルガラス　全長《ぜんちょう》30～33㎝
ヨーロッパからアジア中部《ちゅうぶ》に分布《ぶんぷ》し、日本《にっぽん》では迷鳥《めいちょう》（わたりの途中《とちゅう》でまよってきた鳥《とり》）として記録《きろく》されている。

ルリカケス　全長《ぜんちょう》35～38㎝
奄美大島《あまみおおしま》と徳之島《とくのしま》だけにすむめずらしい種類《しゅるい》で、羽《はね》が美《うつく》しい。天然記念物《てんねんきねんぶつ》。

カササギ　全長《ぜんちょう》43～46㎝
北半球《きたはんきゅう》の中南部《ちゅうなんぶ》に分布《ぶんぷ》し、日本《にっぽん》では北九州《きたきゅうしゅう》の一部《いちぶ》にすむ。天然記念物《てんねんきねんぶつ》。

ホシガラス　全長《ぜんちょう》33～35㎝
ヨーロッパやアジア北部《ほくぶ》の高山地帯《こうざんちたい》に分布《ぶんぷ》。日本《にっぽん》でも高山《こうざん》の森林《しんりん》にすむ。

カケス　全長《ぜんちょう》30～33㎝
ヨーロッパからアジア中南部《ちゅうなんぶ》に分布《ぶんぷ》し、日本全土《にっぽんぜんど》の低《ひく》い山《やま》の林《はやし》にすむ。

オナガ　全長《ぜんちょう》34～37㎝
アジア東部《とうぶ》とヨーロッパ西部《せいぶ》に分布《ぶんぷ》し、日本《にっぽん》では本州中部《ほんしゅうちゅうぶ》を中心《ちゅうしん》にすむ。

ハシブトガラスは，もともとこのような森林地帯《しんりんちたい》に多《おお》くすんでいます。

*くずれるカラスのすみわけ地図《ちず》

ハシボソガラスは，このように開《ひら》けた田《た》畑《はた》に多《おお》くすんでいます。

ハシブトガラスは、もともと森林《しんりん》にすむ鳥《とり》です。それに対《たい》してハシボソガラスは、開《ひら》けた農地《のうち》や海岸《かいがん》にすむ鳥《とり》です。

しかし、こうしたすみわけがなされていたはずのカラスの世界《せかい》に、いま大《おお》きな変化《へんか》がおきています。ハシボソガラスのすむ場所《ばしょ》に、ハシブトガラスがどんどんはいりこんできているのです。なぜでしょう。

その原因《げんいん》は、どうやら人間社会《にんげんしゃかい》からだされる大量《たいりょう》のゴミにあるようです。神奈川県江ノ島海岸《かながわけんえのしまかいがん》は、以前《いぜん》ハシボソガラスがこのんですむ場所《ばしょ》でしたが、海岸《かいがん》をよごすゴミの量《りょう》が多《おお》くなるとともに、すっかりハシブトガラスのえさ場《ば》になってしまいました。同《おな》じような例《れい》は、日本各地《にっぽんかくち》で見《み》られます。

また、ハシブトガラスは、以前《いぜん》は見《み》られなかった高《たか》い山《やま》、例《たと》えば富士山頂《ふじさんちょう》でも見《み》られるようになりました。登山者《とざんしゃ》がすてていったゴミが、えさ場《ば》になっているのです。

ハシブトガラスは、森《もり》の中《なか》であちこち食《た》べものをさがすよりも、人間《にんげん》がすてたゴミをさがすほうが、より効率《こうりつ》よく食《た》べものにありつけることに気《き》づいたのでしょう。

●ハシボソガラスやハシブトガラスのよく見《み》られる場所《ばしょ》

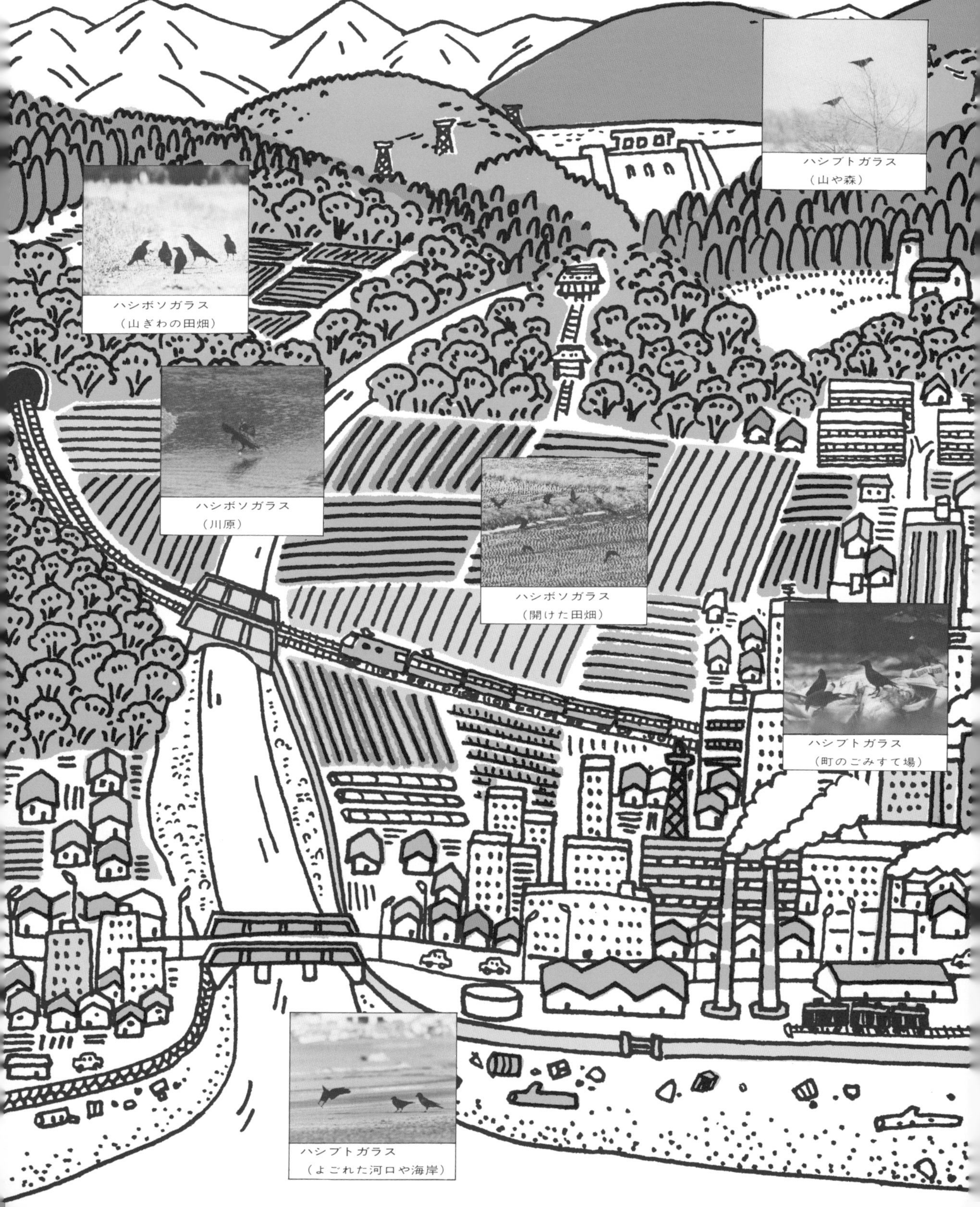

＊カラスの四《し》季《き》

三月半《なか》ばをすぎると、冬《ふゆ》の間《あいだ》の大《おお》きな群《む》れをはなれて、それぞれのなわばりへと散《ち》っていきます。

巣《す》づくり

産卵《さんらん》と抱卵《ほうらん》

ひなを育《そだ》てる

巣《す》立《だ》ち

まだはんしょく年《ねん》令《れい》にたっしていない若鳥《わかどり》は、小《ちい》さな群《む》れをつくってくらします。

●昼間《ひるま》は田畑《たはた》やごみすて場《ば》に集《あつ》まる。

●夜《よる》はえさ場《ば》近《ちか》くの森《もり》でねむる。

3月《がつ》　4月《がつ》　5月《がつ》　6月《がつ》　7月《がつ》

ハシブトガラスとハシボソガラスは、群《む》れをつくって行動《こうどう》する鳥《とり》としてしられています。カラスの群《む》れは、市街地《しがいち》や海岸《かいがん》やごみすて場《ば》などでは、一年《ねん》じゅう見《み》ることができます。

けれども、多《おお》くのカラスは、四～七月《がつ》のはんしょく期《き》には、おす、めす二羽《わ》ずつのつがいに分《わ》かれてくらします。これらつがいのカラスは、それぞれ、巣《す》を中心《ちゅうしん》にしてひろがるなわばりをもっています。

巣《す》と巣《す》をはなしてはんしょくしたほうが、外敵《がいてき》にみつかりにくく、またひなや親鳥《おやどり》自身《じしん》の食《た》べものを確保《かくほ》しやすいのでしょう。

ただし、なわばりをもつカラスの場合《ばあい》でも、なわばりをはなれて、ごみすて場《ば》などに食《た》べものをあさりにいくことがあります。

ですから、そのような場所《ばしょ》には、一年《ねん》をつうじて多《おお》くのカラスが集《あつ》まるのです。

また、生《う》まれて二年目《ねんめ》ころまでの若鳥《わかどり》は、はんし

↓冬《ふゆ》の大《おお》きなねぐらに集《あつ》まるカラス。

八月《がつ》になると、それぞれのなわばり内《ない》ではんしょくをおえたカラスが集《あつ》まり、各地《かくち》に小《ちい》さなねぐらをつくります。

●夜《よる》は小《ちい》さなねぐらをつくってねむる。

●田畑《たはた》で食《た》べものをあさる。

●海辺《うみべ》で食《た》べものをあさる。

2月《がつ》　1月《がつ》　12月《がつ》　11月《がつ》　10月《がつ》　9月《がつ》　8月

よくの季節《きせつ》がきても群《む》れになったままでいます。

カラスが大《おお》きな群《む》れをつくるのは、秋《あき》から冬《ふゆ》にかけての季《き》節《せつ》です。この時《じ》期《き》には、山《やま》の中《なか》でも畑《はたけ》でも、また川《か》原《わら》や海《かい》岸《がん》などでも、数《すう》十羽《ば》から数《すう》百《ひゃっ》羽《ぱ》のカラスの群《む》れが見《み》られます。

そして、この時《じ》期《き》には、夜《よる》、ねぐらにつくときに数《すう》千《せん》羽《ば》から一万《まん》羽《ば》に近《ちか》いカラスが集《あつ》まることもあります。

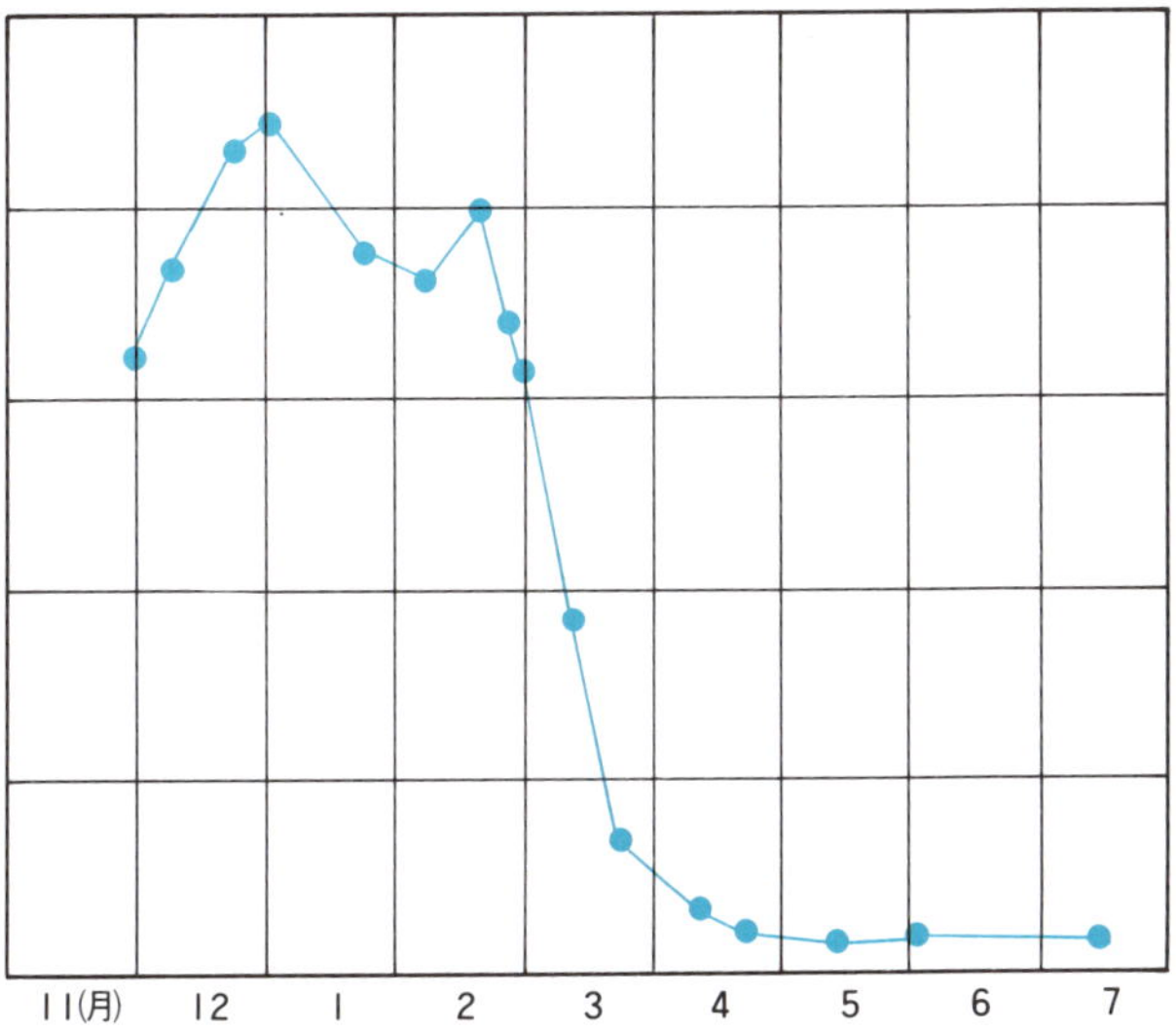

▲長野県上伊那郡中川村葛島《ながのけんかみいなぐんなかがわむらかつらしま》の竹林《たけばやし》のねぐらに集《あつ》まるカラスの数《かず》。11月《がつ》から数《かず》がふえはじめ，翌年《よくねん》の3月《がつ》になると数《かず》がへっていくようすがわかります。ほかの月《つき》は集《あつ》まっても 100羽以下《ばいか》です。
（資料提供《しりょうていきょう》・山岸哲《やまぎしさとし》）

⬆じゃれあいながら飛《と》ぶカラス。カラスは，よくおにごっこをしてあそびます。この行動《こうどう》も知能《ちのう》の高《たか》さをしめすひとつです。

カラスは、ほかの鳥《とり》よりも一段《いちだん》とすぐれた知能《ちのう》をもっていて、しばしば人《ひと》びとの話題《わだい》になるような行動《こうどう》をとることがあります。

カラスは、クルミをくわえたまま空中高《くうちゅうたか》く飛《と》び上《あ》がって、地上《ちじょう》のコンクリートをめがけてなんどもクルミを落《お》とし、われたクルミの中身《なかみ》を食《た》べます。これは、秋田県《あきたけん》の空港《くうこう》で実際《じっさい》にあったことです。

空中《くうちゅう》から物《もの》を落《お》としてわる習性《しゅうせい》は、カモメでも知《し》られています。しかし、カモメはどこに落《お》とせばそのものがわれるかわかっていないようですが、カラスは、どこに落《お》とせばわれるかをよく知《し》っているようです。

また、北《きた》アメリカにすむナミガラスは、上空《じょうくう》から落《お》としてもわれないかたい木《き》の実《み》を、道路上《どうろじょう》に落《お》とし、自動車《じどうしゃ》にひかせてわり、その中身《なかみ》を食《た》べるそうです。

さらに訓練《くんれん》されたコクマルガラスとワタリガラスは、六つから七つの数《かず》をかぞえることができ、カラスが高《たか》い学習能力《がくしゅうのうりょく》をもっていることがわかっています。

数《かず》をかぞえるカラス

コクマルガラスやワタリガラスを使《つか》って、カードにえがかれた点《てん》の数《かず》と同《おな》じ数《かず》の点《てん》がえがかれた箱《はこ》をあければ、食《た》べものが手《て》にはいるように訓練《くんれん》します。するとこれらのカラスは、ある数《かず》の点《てん》がえがかれたカードを見《み》せると、ほかの箱《はこ》には見《み》むきもせずに、カードにえがかれている数《かず》と同《おな》じ数《かず》の点《てん》がえがかれている箱《はこ》をあけます。これは、カラスが数《かず》をかぞえることができることをしめしています。

食《た》べものをえるちえ

かたい木《き》の実《み》を，岩《いわ》やコンクリートの上《うえ》に落《お》としてわる。

かたい木《き》の実《み》を，道路《どうろ》上《じょう》におき，自動車《じどうしゃ》にひかせてわる。

食《た》べものをあなやすきまにかくしておき，あとでとりだしてたべる。

＊カラスと人間《にんげん》

東京都府中市《とうきょうとふちゅうし》の大国魂神社《おおくにたまじんじゃ》で売《う》られている災難《さいなん》よけのカラスのうちわ。

同《おな》じ大国魂神社《おおくにたまじんじゃ》で売《う》られている災難《さいなん》よけのキーホルダー。

全身《ぜんしん》が黒《くろ》一色《しょく》のカラスは、むかしから多《おお》くの人《ひと》びとの心《こころ》に強《つよ》い印象《いんしょう》をあたえないではいられなかったのでしょう。カラスにちなんだ迷信《めいしん》やことわざが数《かず》多《おお》くのこっています。

たとえば、カラスが屋根《やね》の上《うえ》で鳴《な》くと、その家《いえ》に不幸《ふこう》がおこる前《まえ》ぶれだといわれます。もちろん迷信《めいしん》です。おそらくカラスの鳴《な》き声《ごえ》や、カラスが動物《どうぶつ》の死《し》がいなどに群《む》らがる姿《すがた》が、人《ひと》びとに無気味《ぶきみ》さを感《かん》じさせるためでしょう。

一方《いっぽう》、カラスは神《かみ》のお使《つか》いとしても登場《とうじょう》します。『古事記《こじき》』という日本《にっぽん》でもっとも古《ふる》い歴史《れきし》の本《ほん》には、〝軍《ぐん》を進《すす》める神武天皇《じんむてんのう》が、現在《げんざい》の和歌山県熊野《わかやまけんくまの》から奈良県吉野《ならけんよしの》にはいるとき、人《ひと》びとの反対《はんたい》にあい困《こま》っていると、八咫烏《やたがらす》がまいおりてきて、神武天皇《じんむてんのう》を大和《やまと》まで道案内《みちあんない》した〟という神話《しんわ》が書《か》かれています。

そしていまでも、カラスをえがいたお守《まも》りのふだなどがのこされている神社《じんじゃ》が各地《かくち》にあります。

町《まち》のごみ収集場所《しゅうしゅうばしょ》に群《む》らがるカラス。カラスほど人間社会《にんげんしゃかい》の中《なか》にはいりこんでいる鳥《とり》はほかにいません。

畑《はたけ》のくいにぶら下《さ》げられたカラスの死《し》がい。作物《さくもつ》をあらすカラスに，みせしめとしておこなわれます。

さて、現在《げんざい》のカラスはどうでしょうか。毎年《まいねん》、各《かく》地《ち》で農作物《のうさくぶつ》や草木《くさき》に被害《ひがい》を加《くわ》えたり、家畜《かちく》をおそったりするので、ときにはカラスは害鳥《がいちょう》とみなされ、駆除《くじょ》されている地域《ちいき》もあります。

しかし、カラスは人間《にんげん》のくらしをおびやかすことばかりしているわけではありません。浜辺《はまべ》に打《う》ち上《あ》げられた魚《さかな》の死《し》がいや、町《まち》や森《もり》、山《やま》に、ところかまわずすてられたごみをとりのぞいてくれるそうじ屋《や》さんとして、ちゃんと役《やく》に立《た》っているのですから。

養豚場《ようとんじょう》のブタをおそうカラス。

くちばしにものをくわえて，めすの気《き》を引《ひ》くしぐさをするおすのカラス。

カラスは、人間《にんげん》のいる場所《ばしょ》でも、平気《へいき》で食《た》べものをさがしにやってきます。えさ場《ば》になるごみすて場《ば》などには、とくにたくさんのカラスが集《あつ》まります。

カラスは、人《ひと》の姿《すがた》をみつけても、一定《いってい》のきょりさえたもっていればにげないので、いろいろなしぐさや行動《こうどう》がかんさつできます。

■かんさつのポイント■

●しぐさ――水《みず》をのむ・頭《あたま》をかく・のびをする・まわりをみる・羽《はね》をつくろう・歩《ある》くときなど

●行動《こうどう》――けんか・水《みず》あび・はばたき・鳴《な》く・おにごっこなど

■注意《ちゅうい》■

カラスは攻撃性《こうげきせい》の強《つよ》い鳥《とり》です。とりわけはんしょく期《き》には、巣《す》に近《ちか》づくとひなをまもるために、はげしくおそいかかってきます。するどいくちばしで目《め》をおそってきます。失明《しつめい》することもあるので、巣《す》には近《ちか》づかないように注意《ちゅうい》しましょう。

↑くちばしを竹《たけ》にこすりつける。

↑足《あし》で頭《あたま》をかく。

↑羽《は》づくろい。

●カラスの水《みず》をのむしぐさ。くちばしで水《みず》をすくい上《あ》げ，頭《あたま》を上《うわ》向《む》きにしてのむ。

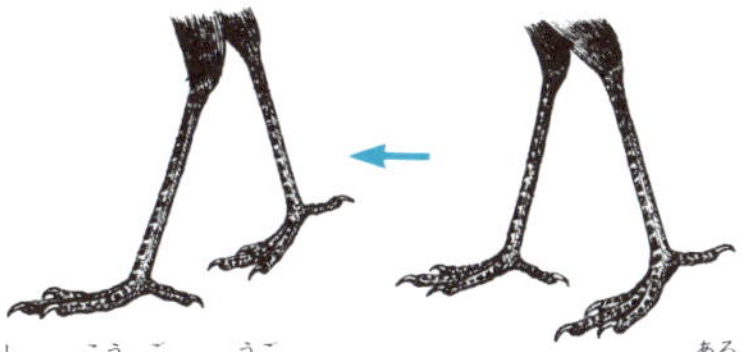

●足《あし》を交互《こうご》に動《うご》かしひょこひょこ歩《ある》く。

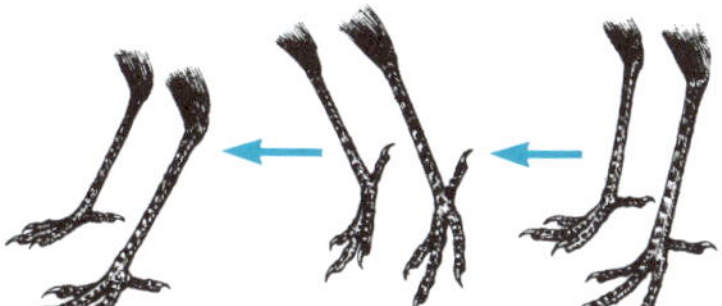

●ピョンピョンとびはねるように歩《ある》く。

↑川《かわ》の浅瀬《あさせ》で水《みず》あびをする。

↑浜《はま》辺《べ》を歩《ある》きまわり，食《た》べものをさがす。

あとがき

わたしが子《こ》どものころ、父《ちち》が一羽《わ》のハシブトガラスを飼《か》っていました。父《ちち》の仕事上《しごとじょう》、カラスの世話《せわ》はわたしたち子《こ》どもの役目《やくめ》でした。しかし、カラスは、わたしたちにはいっこうなつかず、しばしば太《ふと》いくちばしで、いやというほど手足《てあし》をつつくのでした。その痛《いた》いこと。

ところが、カラスは父《ちち》が帰宅《きたく》すると、父《ちち》の足音《あしおと》や話《はな》し声《ごえ》が聞《き》こえただけで、〝クー、クー〟とあまえた声《こえ》を出《だ》し、父《ちち》に頭《あたま》をかいてもらっては、気持《きも》ちよさそうに、目《め》を細《ほそ》めているのです。

父《ちち》がカラスをつれて外《そと》へ出《で》るときはたいへんです。カラスは大《おお》いばりでガーガーと鳴《な》きわめき、父《ちち》以外《いがい》の家族《かぞく》めがけてつつきにやってくるのです。そのため、わたしたちは、家《いえ》の中《なか》にひそんで父《ちち》とカラスの遊《あそ》ぶようすを見《み》ているしかありません。父《ちち》を独占《どくせん》したカラスはいい気《き》なものです。カラスは、父《ちち》が家《いえ》の主人《しゅじん》であること、父《ちち》のきげんさえそこなわなければ安全《あんぜん》であることを、きっと知《し》っていたのでしょう。

のちに、カメラのファインダー越《ご》しにカラスの姿《すがた》をとらえたとき、子《こ》どものころのいじわるな目《め》をしたカラスの思《おも》い出《で》が、やさしい父《ちち》の姿《すがた》とともにうかび上《あ》がってくるのでした。

菅原《すがわら》光二《こうじ》
（一九八一年三月）

NDC488

菅原光二
科学のアルバム　動物・鳥 10
カラスのくらし

あかね書房 1981
54P　23×19cm

科学のアルバム
カラスのくらし

一九八一年 三 月初版
二〇〇五年 四 月新装版第 一 刷
二〇二三年一〇月新装版第一三刷

著者　菅原光二

発行者　岡本光晴
発行所　株式会社 あかね書房
〒一〇一－〇〇六五
東京都千代田区西神田三－二－一
電話〇三－三二六三－〇六四一（代表）
https://www.akaneshobo.co.jp
印刷所　株式会社 精興社
写植所　株式会社 田下フォト・タイプ
製本所　株式会社 難波製本

ISBN978-4-251-03370-3
定価は裏表紙に表示してあります。
落丁本・乱丁本はおとりかえいたします。

○表紙写真

・ハシブトガラス

○裏表紙写真（上から）

・争《あらそ》うカラス

・水《みず》を飲《の》むカラス

・シカについた寄生虫《きせいちゅう》を食《た》べるカラス

○扉写真

・抱卵中《ほうらんちゅう》のメスにえさを運《はこ》んできたおすのカラス

○もくじ写真

・空《そら》をとぶカラス

科学のアルバム

全国学校図書館協議会選定図書・基本図書
サンケイ児童出版文化賞大賞受賞

虫

- モンシロチョウ
- アリの世界
- カブトムシ
- アカトンボの一生
- セミの一生
- アゲハチョウ
- ミツバチのふしぎ
- トノサマバッタ
- クモのひみつ
- カマキリのかんさつ
- 鳴く虫の世界
- カイコ まゆからまゆまで
- テントウムシ
- クワガタムシ
- ホタル 光のひみつ
- 高山チョウのくらし
- 昆虫のふしぎ 色と形のひみつ
- ギフチョウ
- 水生昆虫のひみつ

植物

- アサガオ たねからたねまで
- 食虫植物のひみつ
- ヒマワリのかんさつ
- イネの一生
- 高山植物の一年
- サクラの一年
- ヘチマのかんさつ
- サボテンのふしぎ
- キノコの世界
- たねのゆくえ
- コケの世界
- ジャガイモ
- 植物は動いている
- 水草のひみつ
- 紅葉のふしぎ
- ムギの一生
- ドングリ
- 花の色のふしぎ

動物・鳥

- カエルのたんじょう
- カニのくらし
- ツバメのくらし
- サンゴ礁の世界
- たまごのひみつ
- カタツムリ
- モリアオガエル
- フクロウ
- シカのくらし
- カラスのくらし
- ヘビとトカゲ
- キツツキの森
- 森のキタキツネ
- サケのたんじょう
- コウモリ
- ハヤブサの四季
- カメのくらし
- メダカのくらし
- ヤマネのくらし
- ヤドカリ

天文・地学

- 月をみよう
- 雲と天気
- 星の一生
- きょうりゅう
- 太陽のふしぎ
- 星座をさがそう
- 惑星をみよう
- しょうにゅうどう探検
- 雪の一生
- 火山は生きている
- 水 めぐる水のひみつ
- 塩 海からきた宝石
- 氷の世界
- 鉱物 地底からのたより
- 砂漠の世界
- 流れ星・隕石